Prefazione

La storia si riscrive perché non è mai completa, perché è spesso intessuta del sacrificio di eroi dimenticati e vittime ignorate. Ogni frammento che compone il grande libro della storia del Canavese è stato aggiunto dalla nostra gente, dalle persone che vivono o hanno vissuto nei nostri paesi: Romano, Strambino, San Maurizio, Vische, Borgofranco, Caluso, Mercenasco, Brosso; questi sono solo alcuni dei molti nomi che possiamo ricordare.

Talvolta queste persone perdono la vita in circostanze irragionevoli, come Don Guglielmo Gnavi di Caluso. Altre volte, si ergono fieri a difensori di valori nobili come la libertà e la giustizia, come fece Giacomo Pavetti di Romano. E poi ci sono quelli che sentono il bisogno di lasciare ai posteri la testimonianza di un passato che, con il trascorrere del tempo, va sbiadendo e perdendo il suo valore.

La ricerca è il fondamento di un lungo lavoro. Fonti storiche come documenti scritti, oggetti d'uso quotidiano, giornali, riviste e fonti orali come canti, leggende e testimonianze, hanno permesso di dar vita a questi racconti storico-cronistici.

La continua ricerca è il pilastro della conoscenza, e noi siamo come spugne che assorbono l'acqua di un torrente apparentemente asciutto.

Canavese Aneddoti e Misteri
La storia il nostro presente

Nel 1999, durante una delle prime puntate del celebre programma "Ulisse", Alberto Angela stupisce il pubblico con un collegamento in diretta da Cape Canaveral per il lancio di un razzo. Si tratta della quarta missione del programma Discovery della NASA, un evento particolarmente significativo poiché è la prima missione interamente dedicata all'esplorazione della cometa Wild2. La missione, iniziata nel febbraio dello stesso anno con il lancio di un razzo Delta II, si concluderà con successo quattro anni dopo, quando il 2 gennaio 2004 la sonda Stardust raggiungerà la cometa, raccogliendo preziosi campioni di polvere cosmica che verranno poi riportati sulla Terra.

Durante la trasmissione, Alberto Angela condivide con il pubblico alcune registrazioni storiche del 1968, quando suo padre, Piero Angela, era corrispondente per la RAI a Houston, Texas. In una di queste registrazioni, Piero Angela intervista Chester Maurice Lee, all'epoca direttore della missione Apollo, una figura di spicco nella NASA: *"Direttore della missione Apollo, è un altro oriundo italiano, Chet Lee, in realtà si chiama Lea, e la sua famiglia è originaria di Mercenasco, un paese vicino a Torino; non parla italiano, ma capisce ancora un po' il piemontese..."*

Questo particolare cattura immediatamente l'attenzione di Pier Carlo Regis, un abitante di Mercenasco con una grande passione per la fotografia e un forte senso di appartenenza alla comunità. Quella sera, Pier Carlo sta guardando il programma insieme alla sua famiglia e rimane affascinato dalla scoperta che uno dei protagonisti della corsa allo spazio, un uomo così influente nella storia dell'astronautica, abbia radici nel suo stesso paese. Spinto dalla curiosità e dal desiderio di saperne di più, Pier Carlo decide di avviare una ricerca che, col tempo, si trasformerà in una lunga e appassionante indagine genealogica, destinata a durare oltre vent'anni.

Per compiere i primi passi in questa ricerca, Pier Carlo si rivolge ad Angelo Parri e a Marco Valle, entrambi mercenaschesi. Insieme, iniziano a esplorare l'archivio storico della parrocchia del paese, dove scoprono un dettaglio fondamentale: la famiglia di Chester Maurice Lee era emigrata negli Stati Uniti nel 1829, stabilendosi a Latrobe, in Pennsylvania. Questa informazione rappresenta una svolta nella loro ricerca, ma al contempo solleva nuove domande: chi erano esattamente i Lea? E che legami avevano mantenuto con il Piemonte?

Decisi a scoprire di più, Pier Carlo e il suo team decidono di scrivere al New York Times, nella speranza di ottenere ulteriori informazioni. Con grande sorpresa, ricevono risposta da una giornalista italo-americana, il cui marito ha origini piemontesi, precisamente della Valchiusella, nei pressi di Brosso. Questa giornalista, affascinata dalla storia, si impegna a fare ricerche e, poco dopo, mette Pier Carlo in contatto con David J. Lee, il figlio di Chester Maurice Lee e colonnello della Marina Militare Americana.

Quello che segue è un anno di corrispondenza intensa tra Pier Carlo e David J. Lee. Attraverso lettere, documenti e fotografie, i due uomini condividono ricordi e scoperte, dipanando la storia della famiglia Lee e il suo legame con Mercenasco. David si mostra profondamente commosso dall'interesse per la storia di suo padre e dalle radici italiane della sua famiglia, che, fino a quel momento, aveva conosciuto solo in parte.

Ma la storia non finisce qui. Un giorno, la giornalista del New York Times ricontatta Pier Carlo con una notizia entusiasmante: a Latrobe, Virginia A. Lee, figlia di Chester, sta per inaugurare un museo dedicato alla memoria di suo padre. Virginia, toccata dall'interesse suscitato dalla figura di suo padre in Italia, decide di condividere con Pier Carlo e il suo team una ricca collezione di informazioni, documenti e cimeli che raccontano la vita straordinaria di Chester Maurice Lee.

Questi materiali non solo arricchiscono la ricerca genealogica, ma permettono a Pier Carlo e ai suoi collaboratori di costruire un ritratto dettagliato di un uomo che, pur avendo raggiunto l'apice della carriera negli Stati Uniti, non ha mai dimenticato le sue origini canavesane.

Tra il 1891 e il 1895, l'Italia fu attraversata da un'ondata migratoria che spinse molte famiglie a cercare un futuro migliore oltreoceano. L'annuario statistico dell'emigrazione italiana di quegli anni rivela che dalla sola provincia di Torino partirono 48.071 persone. Complessivamente, ben 152.814 piemontesi lasciarono la loro terra, con 45.089 di loro che attraversarono l'Atlantico per cercare fortuna nelle Americhe.

In mezzo a questo flusso migratorio c'erano due bambini, Maria Catterina Fiorina e Giuseppe Pasquale Lea, nati in un piccolo paese di provincia nel Piemonte: Mercenasco. Le loro famiglie, spinte dalla speranza di una vita migliore, decisero di lasciare l'Italia e affrontare il lungo e incerto viaggio verso l'America. La famiglia di Giuseppe, dopo aver detto addio al loro amato paese natale, si imbarcò nel porto di Le Havre, sulla costa atlantica della Francia, a bordo della nave "La Normandie". Dopo settimane di navigazione, affrontando i pericoli dell'oceano e le difficoltà di un viaggio estenuante, la famiglia Lea giunse finalmente a Ellis Island, il 2 dicembre 1895, il famoso punto d'ingresso per milioni di immigrati che sognavano una nuova vita negli Stati Uniti.

L'arrivo a Ellis Island non fu la fine del loro viaggio, ma solo l'inizio. Dopo il periodo obbligatorio di quarantena, durante il quale furono sottoposti a ispezioni mediche e amministrative, la famiglia si stabilì a New Derry, un piccolo centro situato nel cuore del distretto carbonifero della Pennsylvania. Questo luogo divenne casa per molti altri mercenaschesi, che come loro avevano lasciato l'Italia in cerca di opportunità.

Qui, tra i fumi e le fatiche dell'industria mineraria, dove uomini e donne lavoravano duramente per costruirsi un nuovo futuro, Giuseppe e Maria si incontrarono per la prima volta.

In questa nuova patria, lontana migliaia di chilometri dal Piemonte, Giuseppe e Maria crebbero insieme, conservando le tradizioni e i valori italiani che avevano portato con sé. Il loro amore sbocciò, e nel 1908 decisero di sposarsi, unendo le loro vite in un nuovo capitolo della loro storia.

Dopo il matrimonio, la coppia si trasferì nella vicina cittadina di Latrobe, un luogo che sarebbe diventato il cuore della loro nuova vita. Qui, con un forte senso di intraprendenza e determinazione, aprirono un piccolo albergo con annesso uno spaccio alimentare, servendo principalmente la comunità dei minatori locali. Questo non era solo un modo per guadagnarsi da vivere, ma anche un modo per offrire un punto di riferimento e un senso di casa a coloro che, come loro, avevano lasciato tutto per un nuovo inizio.

Nel frattempo, il cognome della famiglia subì un'altra trasformazione. Come molte altre famiglie di immigrati, i Lea si adattarono alla loro nuova realtà, e il loro cognome venne americanizzato in "Lee". Questa metamorfosi simboleggiava non solo l'integrazione della famiglia nella società americana, ma anche il compromesso tra due identità: quella italiana, che rimaneva forte nei loro cuori, e quella americana, che stava diventando parte della loro quotidianità.

La famiglia Lee si allargò con la nascita di due figli, nati a distanza di dieci anni l'uno dall'altro. Il 6 aprile 1919, nacque il loro secondo figlio, Chester Maurice, che sarebbe stato affettuosamente soprannominato "Chet". Questo soprannome deriva dalla contrazione piemontese "cit", un termine che significa "piccolo" o "bambino", e che rifletteva l'affetto e la cura con cui la famiglia lo circondava.

Foto inedita della famiglia Lea, durante una visita a Mercenasco.
Da sinistra: la mamma, la sorella Maddalena,
Chester Maurice, e il papà

"Chet" crebbe a Latrobe, un luogo che, sebbene molto diverso dalla tranquilla Mercenasco, divenne il palcoscenico della sua infanzia e adolescenza. Frequentò la Latrobe High School, dove si distinse non solo per il suo impegno scolastico, ma anche per il suo talento in diverse attività extracurriculari. Era un giovane brillante e determinato, con un'inclinazione naturale per lo studio, ma anche una grande passione per lo sport e la musica.

Durante i suoi anni alla Latrobe High School, Chet divenne un punto di riferimento per i suoi compagni. Non solo eccelleva in classe, ma partecipava attivamente alla vita scolastica, ricoprendo il ruolo di rappresentante degli studenti. Questo ruolo non era solo un incarico formale, ma una dimostrazione del rispetto e dell'ammirazione che i suoi compagni avevano per lui. Era un leader naturale, capace di ispirare e motivare chi gli stava intorno.

Oltre ai suoi impegni scolastici e sportivi, Chet era anche un membro attivo della banda musicale della scuola. La musica rappresentava per lui una passione profonda, un modo per esprimere le sue emozioni e collegarsi alle sue radici italiane. Suonare nella banda non era solo un'attività pomeridiana, ma un modo per costruire amicizie, sviluppare disciplina e coltivare un senso di appartenenza.

La combinazione di talento accademico, abilità atletiche e passione musicale non solo lo rese un giovane promettente, ma pose anche le basi per la sua futura carriera e vita. Latrobe, con la sua comunità affiatata e il sostegno della sua famiglia, fornì a "Chet" l'ambiente ideale per crescere, svilupparsi e iniziare a sognare in grande.

Mentre si avvicinava al termine dei suoi studi superiori, Chester Maurice Lee guardava al futuro con speranza e determinazione.

Latrobe High School: Chester si diletta nel football

Nel 1936, Chester Maurice Lee intraprese uno dei percorsi più importanti della sua vita: fu ammesso all'Accademia Navale degli Stati Uniti ad Annapolis, Maryland. Questo traguardo segnava l'inizio di una carriera militare che lo avrebbe portato a diventare una figura di spicco nella storia americana. Durante i suoi anni ad Annapolis, Chester si distinse per il suo impegno e la sua determinazione, qualità che lo resero un cadetto esemplare. Si laureò nel 1942, proprio mentre gli Stati Uniti stavano per entrare ufficialmente nel secondo conflitto mondiale, scatenato dall'attacco giapponese a Pearl Harbor il 7 dicembre 1941.

Dopo la laurea, Chester fu promosso ufficiale della Marina e inviato al prestigioso Massachusetts Institute of Technology (MIT) a Cambridge, dove completò un avanzato addestramento sul radar, una tecnologia emergente e cruciale per la guerra moderna. Questo periodo al MIT non solo gli fornì competenze tecniche all'avanguardia, ma lo preparò anche a giocare un ruolo chiave nelle operazioni militari durante la guerra.

Nonostante la tensione e l'incertezza della guerra imminente, Chester trovò il tempo per un momento di felicità personale. Il 18 aprile 1942, sposò la sua fidanzata Rose McGinnis, figlia di immigrati irlandesi. Fu una cerimonia semplice ma significativa, celebrata nel breve intervallo che Chester ebbe tra gli impegni militari. Tuttavia, la loro luna di miele fu interrotta prematuramente: subito dopo una breve licenza, "Chet" dovette tornare al fronte, pronto a servire il suo paese in uno dei periodi più bui della storia mondiale.

I successivi due anni furono tra i più difficili della sua vita. Chester fu assegnato alla USS Salt Lake City, un incrociatore pesante della Marina degli Stati Uniti. Qui, combatté in prima linea contro le forze giapponesi, partecipando a numerose operazioni navali nel teatro del Pacifico.

18 aprile 1942: Chester sposa Rose McGinnis

Il 27 marzo 1943, la USS Salt Lake City si trovò coinvolta in una delle battaglie più feroci della guerra, contro la Marina Imperiale Giapponese, a sud delle Isole del Commodoro. La squadra navale americana, nonostante fosse numericamente inferiore, si scontrò con una flotta giapponese formidabile, composta da incrociatori pesanti, incrociatori leggeri e cacciatorpediniere. La battaglia fu intensa e durò ore, con la USS Salt Lake City che subì gravi danni. Alla fine, la flotta americana fu costretta a ritirarsi, ma non prima di aver inflitto pesanti perdite al nemico. Chester, che aveva combattuto con coraggio, vide per la prima volta da vicino gli orrori della guerra.

Ma la brutalità di quella battaglia era solo un preludio all'inferno che lo attendeva. Nel 1944, Chester fu trasferito sulla USS Drexler, un cacciatorpediniere impegnato nella sanguinosa campagna per l'isola di Okinawa, un luogo che divenne sinonimo di una delle più dure battaglie della guerra nel Pacifico. Okinawa rappresentava un punto strategico cruciale per entrambe le parti, e i combattimenti furono intensi e spietati. Il 28 maggio 1945, la USS Drexler fu attaccata da due kamikaze giapponesi al largo delle coste di Okinawa. Gli aerei suicidi si schiantarono sulla nave, causando danni devastanti. In meno di due minuti, la Drexler affondò, portando con sé 158 vite. Chester, miracolosamente, fu tra i 51 sopravvissuti. Questa esperienza lasciò un segno indelebile su di lui, ricordandogli il costo umano della guerra e l'importanza di ogni vita persa in battaglia.

Tre mesi dopo questo tragico evento, il 2 settembre 1945, il Giappone firmò la resa incondizionata, ponendo ufficialmente fine alla Seconda Guerra Mondiale. La guerra era finita, ma le cicatrici lasciate su coloro che vi avevano partecipato, come Chester, erano profonde e durature.

Al suo ritorno in patria, Chester trovò una nazione che si stava ricostruendo, e lui stesso cercava di dare un nuovo senso alla sua vita dopo gli orrori della guerra. Decise di dedicarsi a una nuova sfida: il programma di sviluppo dei missili balistici teleguidati. Questo progetto era parte di uno sforzo più ampio degli Stati Uniti per mantenere la supremazia militare durante un periodo di grande incertezza globale.

Con l'inizio della Guerra Fredda nel 1947, la tensione tra le due potenze vincitrici del conflitto mondiale, Stati Uniti e Unione Sovietica, iniziò a crescere. Questa rivalità diede il via a una frenetica corsa agli armamenti, con entrambe le nazioni che cercavano di sviluppare arsenali nucleari sempre più potenti. Chester, con la sua esperienza e conoscenza, divenne un elemento chiave in questo sforzo, lavorando instancabilmente allo sviluppo di missili nucleari balistici. Questi missili, in grado di trasportare testate nucleari a grandi distanze, divennero il fulcro della strategia di deterrenza militare degli Stati Uniti durante la Guerra Fredda.

Il lavoro di Chester in questo campo non solo contribuì a rafforzare la sicurezza nazionale, ma gettò anche le basi per un'altra grande impresa: la conquista dello spazio. Il potenziale militare dei missili balistici teleguidati venne infatti presto riconosciuto anche per le applicazioni spaziali, e Chester si trovò a lavorare su progetti che avrebbero avuto un impatto profondo sulla corsa allo spazio tra Stati Uniti e Unione Sovietica.

Chester Maurice Lee, che aveva iniziato la sua carriera come ufficiale navale durante la Seconda Guerra Mondiale, si ritrovò ora a essere una figura chiave nella nuova frontiera della guerra tecnologica e dell'esplorazione spaziale.

A metà degli anni '50, in un periodo segnato da tensioni globali e dalla crescente rivalità tra le superpotenze, la Marina degli Stati Uniti si trovò coinvolta in uno dei progetti missilistici più ambiziosi dell'epoca: il progetto Jupiter. Questo programma, sviluppato in collaborazione con l'esercito degli Stati Uniti, mirava a creare un missile balistico in grado di colpire obiettivi a lungo raggio, ma con una particolarità che lo avrebbe reso ancora più innovativo: l'adattamento per il lancio da sottomarini. Questa sfida richiedeva una revisione completa del design del missile, considerando le condizioni estreme di un lancio subacqueo.

Tra le innovazioni più significative di quel periodo vi fu il lancio del missile balistico Polaris, il primo al mondo ad essere lanciato con successo da un sottomarino in immersione. Questo traguardo non solo rappresentava un notevole progresso tecnologico, ma apriva nuove possibilità strategiche per la deterrenza nucleare durante la Guerra Fredda. Chester Maurice Lee, con la sua vasta esperienza e competenza, era parte integrante del team incaricato di affrontare le complessità tecniche legate alla guida e al controllo del missile. La tecnologia di navigazione dell'epoca era ancora in fase di sviluppo, e il lancio subacqueo presentava difficoltà senza precedenti, che richiedevano soluzioni innovative e fuori dagli schemi.

Il successo del Polaris non solo rafforzò la posizione degli Stati Uniti nella competizione militare globale, ma segnò anche l'inizio di una nuova era nella guerra tecnologica, in cui i missili balistici lanciati da sottomarini avrebbero giocato un ruolo cruciale nella strategia di difesa nazionale.

Negli anni successivi, durante la guerra del Vietnam, Chester Lee continuò a servire la sua nazione con distinzione. Dal 5 aprile 1958 al 15 gennaio 1960, fu al comando della USS Gyatt, il primo cacciatorpediniere lanciamissili al mondo. Questo incarico non solo rifletteva la fiducia che la Marina riponeva nelle sue capacità, ma lo collocava anche al centro di un'innovazione navale senza precedenti. Tre anni dopo, Chester ottenne il comando di un'intera squadra di unità similari, dimostrando ancora una volta la sua leadership e competenza.

Sebbene il suo comando fosse lontano dal fronte vietnamita, Chester era profondamente impegnato in un programma di addestramento strategico nel Mar dei Caraibi e nel Mediterraneo, operando all'interno della VI flotta. Il comando della Gyatt non fu una scelta casuale: la nave era stata equipaggiata con attrezzature speciali, molte delle quali progettate e implementate sotto la direzione di Chester stesso. Questo equipaggiamento avanzato rese la USS Gyatt una componente chiave del programma spaziale americano. Tra il 5 e il 10 novembre 1960 e dal 24 al 26 aprile 1961, la USS Gyatt servì come stazione di recupero per il progetto Mercury, il primo programma degli Stati Uniti che aveva come obiettivo l'invio di esseri umani nello spazio.

Il ruolo della Gyatt nel progetto Mercury sottolineava l'importanza delle sinergie tra i programmi militari e spaziali, una tendenza che sarebbe diventata sempre più evidente negli anni a venire. Chester, con la sua visione lungimirante, fu tra i primi a riconoscere e sfruttare queste interconnessioni, contribuendo a plasmare il futuro dell'esplorazione spaziale americana.

Il 29 giugno 1962, la USS Gyatt entrò nei cantieri di Charleston per una revisione completa, sotto la supervisione di Chester.

Questa revisione prevedeva la rimozione del vecchio sistema missilistico e l'installazione di tecnologie all'avanguardia, ulteriormente migliorate grazie alle intuizioni e all'esperienza di Chester. Il suo lavoro pionieristico nel radar navale per il programma Polaris lo aveva preparato alle nuove sfide imposte dalla Guerra Fredda e dalla crescente corsa allo spazio. Questi anni segnarono una fase di accelerazione tecnologica senza precedenti, in cui il progresso scientifico e l'innovazione militare erano strettamente intrecciati.

Il 4 ottobre 1957, l'Unione Sovietica lanciò lo Sputnik 1, il primo satellite artificiale messo in orbita attorno alla Terra. Questo evento segnò l'inizio di una competizione serrata tra Stati Uniti e Unione Sovietica, nota come la "corsa allo spazio". Il successo dello Sputnik ebbe un impatto devastante sull'opinione pubblica americana e suscitò grande preoccupazione tra i leader politici e militari degli Stati Uniti. L'idea che l'Unione Sovietica avesse superato gli Stati Uniti nella tecnologia spaziale generò un'ondata di panico, alimentata dalla paura che questa superiorità tecnologica potesse tradursi in un vantaggio militare decisivo.

In risposta, l'amministrazione del presidente Dwight D. Eisenhower lanciò una serie di iniziative volte a recuperare il terreno perduto. Tra queste, una delle più significative fu la fondazione della NASA nel 1958. Questa nuova agenzia governativa aveva l'obiettivo di coordinare gli sforzi degli Stati Uniti nella corsa allo spazio e di garantire che l'America non rimanesse indietro nella competizione con l'Unione Sovietica. Chester Maurice Lee, con la sua esperienza e competenza, divenne una figura chiave in questo nuovo sforzo, contribuendo a sviluppare e implementare strategie che avrebbero permesso agli Stati Uniti di colmare il divario tecnologico.

L'inizio della corsa allo spazio inaugurò una nuova era, caratterizzata da una serie di successi sempre più ambiziosi. I programmi spaziali statunitensi e sovietici si sfidarono in una competizione serrata per il dominio del cosmo, passando dai missili ai satelliti, e culminando con la conquista della Luna. Ogni successo, sia americano che sovietico, era accolto con entusiasmo dai propri cittadini e con ansia dai rivali, consapevoli che la supremazia spaziale avrebbe potuto tradursi in un vantaggio geopolitico decisivo.

Il 12 aprile 1961, un altro duro colpo per gli americani arrivò quando il cosmonauta sovietico Yuri Gagarin divenne il primo essere umano a viaggiare nello spazio, completando un'orbita intorno alla Terra a bordo della capsula Vostok 1. Gagarin divenne immediatamente una celebrità internazionale, simbolo del successo della tecnologia sovietica e della potenza dell'Unione Sovietica. Agli occhi del mondo, sembrava che la tecnologia sovietica avesse superato quella americana, suscitando ulteriore preoccupazione negli Stati Uniti.

Questo evento intensificò ulteriormente la corsa allo spazio, spingendo gli Stati Uniti a redigere piani ancora più audaci. Chester Maurice Lee, con il suo background unico sia in ambito militare che tecnologico, fu coinvolto direttamente in questi sforzi, contribuendo a guidare lo sviluppo di nuovi programmi spaziali che avrebbero infine portato gli Stati Uniti a rivendicare il loro posto alla guida dell'esplorazione spaziale.

Questi anni furono un periodo di sfide straordinarie e progressi incredibili, e Chester Lee fu al centro di questo movimento. La sua capacità di adattarsi rapidamente alle nuove tecnologie e di anticipare le esigenze future lo rese una figura essenziale nel successo degli sforzi americani durante la Guerra Fredda e nella corsa allo spazio.

Il 25 maggio 1961, in un discorso destinato a diventare una pietra miliare nella storia dell'esplorazione spaziale, il presidente John F. Kennedy si rivolse al Congresso degli Stati Uniti, tracciando una nuova e ambiziosa rotta per la nazione. Kennedy dichiarò con forza: "*Scegliamo di andare sulla Luna. Scegliamo di andare sulla Luna... scegliamo di andare sulla Luna in questo decennio e di fare le altre cose, non perché sono facili, ma perché sono difficili; perché quell'obiettivo servirà a organizzare e misurare il meglio delle nostre energie e capacità, perché quella sfida è una sfida che siamo disposti ad accettare, una che non siamo disposti a rimandare e una che intendiamo vincere, e anche le altre...*" Queste parole, pronunciate in un momento di grande tensione globale durante la Guerra Fredda, ispirarono un'intera generazione e diedero il via alla corsa per la conquista della Luna.

Mentre gli Stati Uniti si preparavano a intraprendere questa audace impresa, Chester Maurice Lee, dopo 24 anni di servizio esemplare nella Marina degli Stati Uniti, decise di congedarsi nel 1965 con il grado di capitano. Stabilitosi in Virginia del Nord, Chester non rimase inattivo a lungo. Dopo una breve ma significativa esperienza al Pentagono sotto la guida del segretario della difesa Robert McNamara, nel 1966 rispose a una nuova chiamata al servizio del paese, questa volta da parte della NASA. Con la stessa dedizione e impegno che aveva dimostrato in marina, Chester si immerse nei progetti spaziali, assumendo ruoli di crescente responsabilità.

Foto di Chester con il presidente Kennedy. 1961, in occasione del Congresso del 25 maggio
(Chester al centro della foto con gli occhiali)

Nei 23 anni che seguirono, Chester Lee divenne una figura centrale nei programmi spaziali della NASA, affrontando alcune delle sfide tecniche e umane più complesse mai incontrate. All'inizio, fu coinvolto nella gestione dei sistemi radar, una competenza che aveva affinato durante la sua carriera militare, ma presto passò a ruoli più critici, come il controllo delle pressurizzazioni del programma Apollo. Questo incarico lo portò direttamente nel cuore della corsa allo spazio, dove visse sia trionfi ineguagliabili che tragedie devastanti.

Uno dei momenti più drammatici della sua carriera alla NASA avvenne il 27 gennaio 1967. Quel giorno, Chester si trovava a Cape Canaveral, monitorando una simulazione del conto alla rovescia per la missione Apollo 1. Improvvisamente, un incendio devastante scoppiò all'interno del modulo di comando, uccidendo i tre astronauti a bordo, Gus Grissom, Ed White e Roger B. Chaffee. Chester, che stava attentamente monitorando le attività in cabina, fu testimone diretto di quella terribile tragedia. Questo evento sconvolgente scosse profondamente l'intera NASA, ma allo stesso tempo rafforzò la determinazione di Chester e dei suoi colleghi a migliorare ogni aspetto della sicurezza delle missioni spaziali.

Con il passare degli anni, Chester Lee assunse un ruolo sempre più centrale nella gestione delle missioni lunari, supervisionando tutte le operazioni dall'Apollo 11 all'Apollo 17. Lavorando sotto la direzione di Rocco Anthony Petrone, un altro brillante ingegnere di origini italiane, Chester si dedicò con passione a ogni aspetto della corsa alla Luna. In particolare, si concentrò sull'elettronica di controllo del LEM (Lunar Excursion Module), il modulo lunare progettato per eseguire l'atterraggio sulla superficie lunare e riportare gli astronauti in orbita per il ritorno sulla Terra. Questo modulo era fondamentale per il successo delle missioni Apollo e per la sopravvivenza degli astronauti.

Una delle sfide tecniche più complesse che Chester dovette affrontare riguardava il ritardo di tre secondi nelle comunicazioni tra la Terra e la Luna. Questo ritardo, dovuto alla distanza tra i due corpi celesti, rendeva ancora più arduo il compito di garantire la sicurezza degli astronauti, dato il livello tecnologico dell'epoca e le enormi difficoltà della missione. La gestione precisa del tempo e la comunicazione efficace erano essenziali per il successo dell'operazione e per minimizzare i rischi durante le fasi critiche del volo.

Virginia Lee, la figlia di Chester, ha raccontato in un'intervista a Pier Carlo e Marco, i nostri ricercatori, un ricordo toccante di suo padre: Chester, nel suo incessante desiderio di perfezione e precisione, realizzò un modello del LEM in carta velina. Questo modello, una riproduzione fedele del modulo che sarebbe stato effettivamente costruito, era una dimostrazione tangibile del suo impegno e della sua attenzione ai dettagli. Chester trascorse ore a lavorare su questo modello, utilizzandolo per studiare ogni possibile scenario e anticipare eventuali problemi che gli astronauti avrebbero potuto incontrare sulla superficie lunare.

Il 16 luglio 1969, alle 9:32 del mattino, la missione spaziale Apollo 11 decollò dal Kennedy Space Center in Florida, segnando l'inizio di una delle avventure più straordinarie nella storia dell'umanità. A bordo del razzo Saturn V c'erano tre astronauti americani: Neil Armstrong, Buzz Aldrin e Michael Collins. La loro missione era chiara, ma incredibilmente ambiziosa: atterrare sulla Luna e tornare sani e salvi sulla Terra.

Il 20 luglio 1969, dopo quattro giorni di viaggio nello spazio, il modulo lunare "Eagle" si separò dal modulo di comando "Columbia", pilotato da Michael Collins, e iniziò la sua discesa verso la superficie lunare. Alle 20:17 UTC, Armstrong e Aldrin atterrarono nel Mare della Tranquillità, segnando la prima volta che esseri umani avevano raggiunto un altro corpo celeste. Poche ore dopo, Neil Armstrong uscì dal modulo e, con il mondo intero che lo guardava in diretta televisiva, posò il piede sul suolo lunare, pronunciando le storiche parole: *"That's one small step for [a] man, one giant leap for mankind."* (*Questo è un piccolo passo per un uomo, un grande balzo per l'umanità*). Buzz Aldrin lo seguì poco dopo, e insieme i due astronauti trascorsero oltre due ore esplorando la superficie lunare, raccogliendo campioni e scattando fotografie.

l ritorno sulla Terra, conclusosi con l'ammaraggio nell'oceano Pacifico il 24 luglio, fu un successo trionfale, ma non senza aver affrontato rischi significativi. Il trionfo dell'Apollo 11 fu una vittoria non solo per gli Stati Uniti, ma per tutta l'umanità. Per la prima volta nella storia, persone di ogni nazione e cultura avevano assistito, in tempo reale, a un evento che andava oltre ogni confine terrestre. Le televisioni di tutto il mondo avevano trasmesso in diretta l'evento, grazie a una colossale rete televisiva globale organizzata dagli americani per garantire che le immagini dalla Luna raggiungessero ogni angolo del pianeta. Tuttavia, dietro quel successo c'era la consapevolezza di un rischio altissimo.

Giornale dell'epoca che annunciava lo sbarco sulla Luna del 20 luglio 1969

L'incidente tragico dell'Apollo 1, in cui tre astronauti persero la vita durante un test a terra, aveva profondamente scosso la NASA, mettendo in evidenza la pericolosità delle missioni spaziali e la necessità di preparare un piano B di emergenza per ogni eventualità.
Fortunatamente, la missione Apollo 11 andò a buon fine, ma la NASA sapeva che non poteva permettersi di abbassare la guardia.

Il 14 novembre 1969, appena quattro mesi dopo il trionfo estivo, la NASA decise di mettere in pratica il piano B con l'Apollo 12, una missione destinata a perfezionare l'atterraggio lunare e l'esplorazione dei crateri. Questa nuova missione fu presentata alle televisioni di tutto il mondo, e in quell'occasione, Piero Angela, ebbe l'opportunità di intervistare Chester Lee. Durante l'intervista, Chester parlò delle sfide affrontate dalla NASA nel portare a termine queste missioni e dell'importanza di ogni piccolo dettaglio nel garantire la sicurezza degli astronauti.

Ma nonostante i successi, uno dei periodi più difficili a livello umano per "Chet" e per tutto lo staff della NASA arrivò durante la missione Apollo 13, lanciata l'11 aprile 1970 dal Kennedy Space Center. Doveva essere la terza missione a sbarcare sulla Luna, ma divenne famosa per l'incidente che impedì l'allunaggio e mise a rischio la vita dei tre astronauti a bordo: Jim Lovell, Jack Swigert e Fred Haise. Due giorni dopo il lancio, un'esplosione nel modulo di servizio causò gravi danni, compromettendo l'energia elettrica e l'ossigeno a bordo. La famosa comunicazione "*Ok, Houston, abbiamo avuto un problema qui*" segnalò l'inizio di una drammatica lotta per la sopravvivenza. In pochi istanti, una missione che era iniziata perfettamente si trasformò nello scenario peggiore possibile: tre astronauti erano alla deriva nello spazio, a grande velocità, su una navicella gravemente danneggiata.

La NASA decise immediatamente di abbandonare l'allunaggio e concentrare ogni sforzo sul riportare gli astronauti vivi sulla Terra. La situazione era critica, e ogni decisione presa doveva essere perfetta. Chester, responsabile della pressurizzazione dei moduli occupati dagli astronauti, vide la sua competenza messa alla prova come mai prima d'allora. La pressione interna dei moduli era vitale per la sopravvivenza degli astronauti, e un errore avrebbe potuto significare la morte per loro.

Grazie alla dedizione e all'ingegno di Chester e del resto del team della NASA, la navicella riuscì a rientrare sulla Terra il 17 aprile 1970, con gli astronauti sani e salvi. Questo successo fu la dimostrazione della straordinaria capacità del programma Apollo di gestire crisi imprevedibili e trasformare un potenziale fallimento in un trionfo.

Chester continuò a servire con distinzione, contribuendo alla sicurezza e al successo delle successive missioni Apollo. Il 7 dicembre 1972, da Cape Canaveral, fu lanciata l'Apollo 17, l'undicesima e ultima missione con equipaggio umano a superare l'orbita terrestre bassa nel programma Apollo. A bordo c'erano gli astronauti Eugene Cernan, Ron Evans e Harrison Schmitt. Schmitt, uno scienziato-astronauta, divenne l'ultimo uomo a camminare sulla Luna, mentre Cernan fu l'ultimo a lasciarne la superficie. Nelle sue memorie, Eugene Cernan ricordava con affetto Chester Lee, riconoscendo il ruolo cruciale che Chet aveva giocato nel successo delle missioni. Chester aveva trascorso moltissimo tempo con gli astronauti nei simulatori di volo, preparando insieme a loro ogni dettaglio delle missioni. Partecipò anche agli addestramenti sui campi di lava delle Hawaii, utilizzati per simulare le condizioni che gli astronauti avrebbero affrontato sulla Luna. Camminando insieme agli astronauti, Chester acquisì una comprensione profonda delle sfide pratiche che avrebbero incontrato, il che gli permise di affinare ulteriormente i sistemi di supporto vitale e le procedure operative.

Nonostante le molteplici soddisfazioni professionali, Chester nutriva un desiderio personale che non avrebbe mai potuto realizzare: viaggiare nello spazio. Il suo amore per il lavoro alla NASA era indissolubilmente legato alla sua passione per l'esplorazione e la scoperta. Sebbene non abbia mai potuto lasciare la Terra, Chester contribuì a rendere possibile per altri ciò che per lui rimase un sogno.

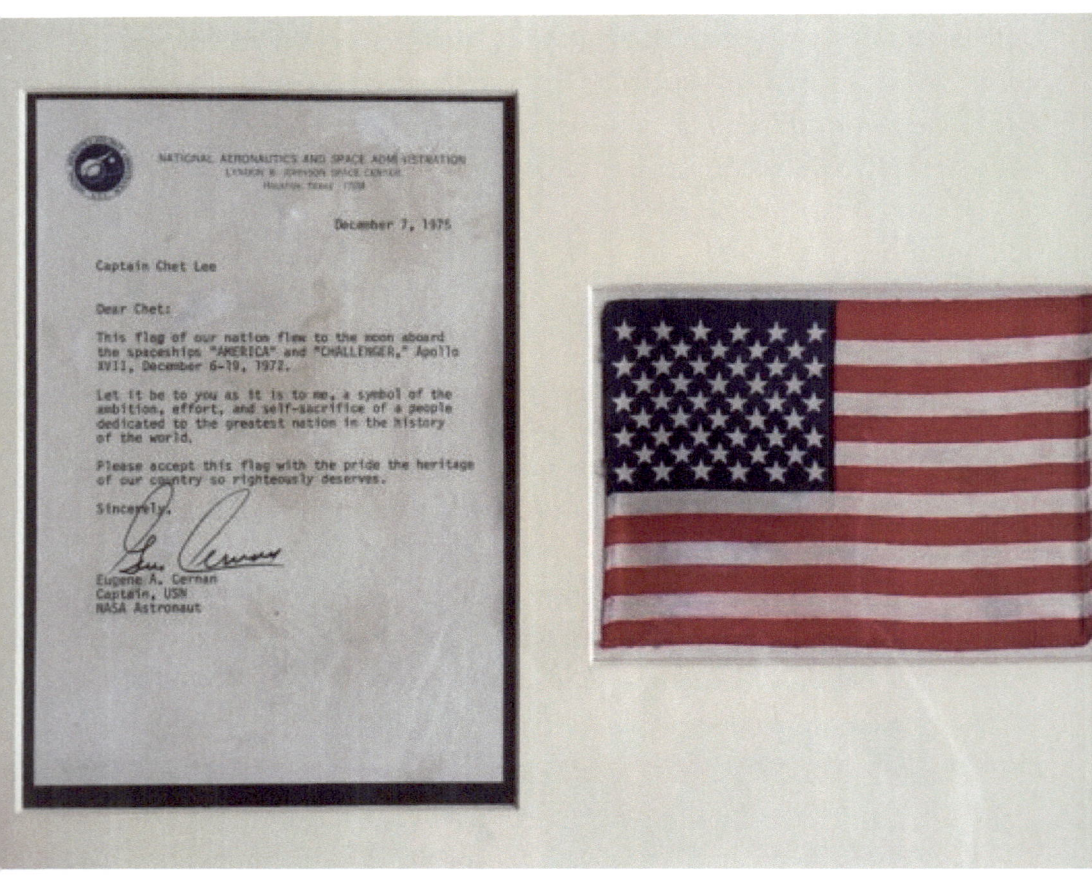

Targa di riconoscenza a Chester da parte dell' astronauta
Eugene A. Cernan, membro dell'ultima missione Apollo 17

Il suo lavoro, la sua dedizione e il suo impegno hanno permesso a un'intera generazione di astronauti di esplorare lo spazio e, in definitiva, di portare l'umanità oltre i confini del nostro pianeta.

Il 17 luglio 1975, si consumò un momento storico nello spazio: una navicella del programma Apollo degli Stati Uniti si agganciò a una capsula Sojuz dell'Unione Sovietica in orbita terrestre. Questo evento, che sarebbe passato alla storia come la missione Apollo-Sojuz, segnò un netto distacco dal passato, chiudendo il capitolo della frenetica corsa spaziale tra le due superpotenze. Per la prima volta, gli equipaggi americani e sovietici collaborarono direttamente nello spazio, trasferendosi da un veicolo all'altro e scambiando esperienze in un clima di solidarietà e fiducia reciproca. Fu un segno tangibile della distensione tra Stati Uniti e Unione Sovietica, che gettò le basi per una nuova era di cooperazione internazionale nell'esplorazione spaziale.

Mentre il mondo guardava con speranza questo avvicinamento tra le due superpotenze, Chester e il resto della NASA si preparavano per nuovi orizzonti nell'esplorazione spaziale. La missione Apollo-Sojuz rappresentava non solo la chiusura di una fase storica, ma anche il preludio a nuove sfide e possibilità.

Il Segretario Generale del Comitato Centrale del PCUS Leonid Brezhnev, (il secondo da sinistra) . Da destra Chester Maurice Lee. In occasione del programma Apollo-Sojuz tra Unione Sovietica e Stati Uniti d'America. 1975

Con la conclusione del programma Apollo, l'attenzione si spostò verso il programma Space Shuttle, che avrebbe dominato la scena dei voli spaziali con equipaggio per il governo americano dal 1981 al 2011.

Il programma Space Shuttle era ambizioso e complesso, progettato per portare astronauti e carichi utili in orbita terrestre e oltre, con un veicolo riutilizzabile che poteva essere lanciato più volte. Questo programma rappresentava il futuro dei viaggi spaziali e Chester, con la sua vasta esperienza e il suo profondo impegno, giocò un ruolo cruciale nella sua implementazione. Come membro influente della NASA, "Chet" lavorò instancabilmente per assicurarsi che ogni dettaglio fosse curato e che la transizione verso questa nuova era dell'esplorazione spaziale avvenisse senza intoppi.

Nel 1984, durante l'amministrazione del presidente Ronald Reagan, fu annunciato un nuovo e innovativo programma: *"Teacher in Space."* Questo programma aveva l'obiettivo di ispirare gli studenti americani nello studio della scienza, della matematica e dell'esplorazione spaziale, portando un insegnante nello spazio per la prima volta. L'idea era quella di avvicinare i giovani alla scienza attraverso un'esperienza unica e coinvolgente. Chester, sempre in prima linea nelle iniziative educative, fu chiamato a incontrare i candidati del programma, discutendo con loro i rischi e le sfide di una missione spaziale. Tra gli aspiranti astronauti c'era Christa McAuliffe, un'insegnante di New Hampshire scelta per diventare la prima docente a tenere una lezione di scienze dallo spazio.

Purtroppo, quello che doveva essere un momento di grande orgoglio e ispirazione per il mondo si trasformò in una tragedia. Il 28 gennaio 1986, il lancio dello Space Shuttle Challenger, con a bordo Christa McAuliffe e altri sei membri dell'equipaggio, finì in catastrofe.

Solo 73 secondi dopo il decollo, l'orbiter esplose in volo, uccidendo tutti i membri dell'equipaggio. L'evento scosse profondamente la NASA e il mondo intero, ricordando a tutti i pericoli e le incertezze del volo spaziale. Per "Chet", che aveva lavorato così duramente per garantire la sicurezza e il successo delle missioni spaziali, la perdita del Challenger fu un colpo devastante.

Nonostante il dolore e le difficoltà che seguirono, Chester non si lasciò abbattere. Continuò a contribuire al campo dell'esplorazione spaziale con la stessa dedizione che aveva sempre dimostrato. Nel 1988, all'età di 69 anni, decise di lasciare la NASA, ma il suo spirito indomito e la sua passione per l'esplorazione non lo portarono mai davvero a ritirarsi. Poco dopo, fondò "Spacehab", una società specializzata in componentistica elettronica per la NASA. Con "Spacehab", Chester dimostrò ancora una volta la sua dedizione alla causa spaziale, lavorando per sviluppare tecnologie che avrebbero sostenuto le future missioni.

"Spacehab" giocò un ruolo cruciale nella storia dell'esplorazione spaziale, fornendo moduli di laboratorio che vennero utilizzati nelle missioni dello Space Shuttle e contribuendo alla costruzione della Stazione Spaziale Internazionale (ISS). Attraverso questa nuova impresa, Chester continuò a influenzare il corso dell'esplorazione spaziale, portando avanti il suo impegno per l'innovazione e la sicurezza.

Chet Maurice Lee morì il 23 febbraio 2000, durante un'operazione a cuore aperto in un ospedale di Washington, a pochi mesi dal suo 81º compleanno. La sua scomparsa segnò la fine di una vita dedicata alla scienza, alla sicurezza e all'esplorazione, ma la sua eredità non svanì. Chester aveva lasciato un segno indelebile nella storia dell'esplorazione spaziale, e la sua influenza si sarebbe sentita per anni a venire.

Chester il giorno dell'inaugurazione di "Spacehab"

Dopo la sua morte, la figlia di Chester, Virginia Lee, decise di onorare la memoria del padre in modo speciale. Gli dedicò un memoriale, un tributo a un uomo che aveva dedicato la sua vita a spingere i confini della conoscenza umana. Inoltre, la scuola di Latrobe, dove Chester aveva trascorso la sua giovinezza, gli rese omaggio con una mostra permanente. Questa esposizione celebra la vita e i successi di un uomo straordinario, ricordando ai visitatori il contributo significativo che Chester Lee ha dato alla storia dell'esplorazione spaziale.

Oggi, la figura di Chester Maurice Lee è ricordata non solo per i suoi successi tecnici e scientifici, ma anche per la sua umiltà, la sua dedizione e il suo impegno instancabile verso l'avanzamento della conoscenza umana. La sua storia è quella di un uomo che, partendo da origini modeste, riuscì a influenzare il corso della storia, contribuendo a realizzare alcuni dei più grandi traguardi dell'umanità. Chester Lee sognava di viaggiare nello spazio, e sebbene non abbia mai avuto l'opportunità di farlo personalmente, ha reso possibile per altri il sogno di esplorare l'ignoto. La sua vita e la sua eredità continuano a ispirare nuove generazioni di esploratori e scienziati, spingendoli a guardare oltre l'orizzonte e a cercare sempre nuovi traguardi da raggiungere.

Il Capitano Chester Maurice Lee fu un uomo di eccezionale dedizione e passione, che lasciò un'impronta indelebile nella storia dell'astronautica e del servizio militare americano. Tra i riconoscimenti più prestigiosi che gli furono conferiti ci sono la Medaglia d'Onore della Marina, due Medaglie per il Servizio Eccezionale nel 1969, e tre Medaglie di Servizio Distinto dalla NASA negli anni 1973, 1975 e 1987. Questi premi non solo testimoniano la sua competenza tecnica, ma anche la sua leadership e il suo contributo decisivo a missioni che hanno cambiato la storia.

Fu inoltre insignito della Medaglia per la Leadership Eccezionale, del Grado di Presidente e del titolo di Dirigente Meritevole con servizio di Dirigente Senior, ulteriori riconoscimenti di una carriera caratterizzata da un impegno instancabile e una visione lungimirante.

Chester riposa oggi accanto alla sua amata moglie, Rose McGinnis, nel Cimitero Nazionale di Arlington, un luogo sacro e riservato agli eroi americani. Qui, tra le tombe di soldati, politici e figure di spicco, il nome di Chester Lee si aggiunge a quelli di coloro che hanno servito con onore il loro paese, lasciando un'eredità di coraggio e dedizione.

Nonostante il suo impegno nella storia dell'astronautica e le numerose responsabilità che lo legarono agli Stati Uniti, Chester non dimenticò mai le sue radici italiane. La famiglia Lea, originaria di Mercenasco, un piccolo paese nel Piemonte, aveva portato con sé in America un profondo senso di appartenenza e un legame indissolubile con la terra d'origine. Questi sentimenti vennero trasmessi a Chester, che, nonostante le sue numerose occupazioni, tornò in Italia diverse volte durante la sua vita. Accompagnato dai suoi genitori, visitò Mercenasco nel 1921, 1923 e 1926, periodi durante i quali mantenne viva la connessione con le sue radici. Questi viaggi non furono semplicemente occasioni per vedere la terra dei suoi avi, ma rappresentarono momenti di riflessione e di connessione con una cultura e una storia che Chester sentiva profondamente proprie.

Diventato adulto, Chester continuò a nutrire il desiderio di ritornare in Italia, e nel 1997, tre anni prima della sua scomparsa, compì l'ultimo viaggio a Mercenasco, questa volta accompagnato dalla sua amata moglie, Rose. Fu un viaggio carico di significato, un ritorno alle origini che permise a Chester di rivivere i ricordi della sua infanzia e di mostrare alla moglie i luoghi che avevano plasmato la sua identità.

Chester con il papà Giuseppe a Mercenasco nel 1926

Per lui, quel viaggio non fu solo una visita, ma un vero e proprio pellegrinaggio alle radici della sua famiglia, un modo per chiudere il cerchio di una vita vissuta tra due mondi, quello italiano e quello americano.

Oggi, ci piace immaginare che Chester stia finalmente realizzando il suo sogno più grande: viaggiare nello spazio, circondato dai suoi amici astronauti. Sebbene non abbia mai potuto realizzare questo desiderio durante la sua vita, il suo lavoro ha reso possibile per altri ciò che per lui rimase un sogno. Chester, attraverso la sua dedizione e il suo impegno, ha spianato la strada a una nuova generazione di esploratori spaziali, permettendo all'umanità di superare i confini del nostro pianeta e di sognare più in grande.

La famiglia Lea, originaria di Mercenasco, ha lasciato una traccia che vive ancora oggi. Una discendente risiede nel paese, mantenendo viva la connessione con le origini familiari, mentre un altro ramo della famiglia si è trasferito a Torino, contribuendo a diffondere l'eredità dei Lea nel Piemonte. Queste parentele sono emerse in modo toccante e significativo durante la presentazione del cortometraggio dedicato alla vita di Chester Maurice Lee, proiettato per la prima volta a Mercenasco nel 2021. Questo evento non fu solo una celebrazione dell'uomo straordinario che contribuì a scrivere una pagina indimenticabile nella storia dell'esplorazione spaziale, ma anche un'occasione per riflettere sulle profonde radici che legano le famiglie alle loro terre d'origine, nonostante le distanze geografiche e i decenni trascorsi.

La presentazione del cortometraggio, fu anche un'opportunità per i discendenti dei Lea di riconnettersi con la storia della loro famiglia, una storia che aveva attraversato l'oceano e trovato nuovi sbocchi in una terra lontana, ma che non aveva mai perso il legame con le sue radici italiane.

Capitano Chester Maurice Lee (foto: NASA Engineer)

Bibliografia

-Storia tratta dai documenti e dalle corrispondenze tra la figlia di Chester, Virginia A. Lee e Pier Carlo Regis di Mercenasco
-Sceneggiatura del cortometraggio: "Chester Maurice Lee, il canavesano che ci portò sulla luna", 2021, Canavese Aneddoti e Misteri

Sitografia

-https://www.washingtonpost.com/
-https://scienze.fanpage.it/abbiamo-deciso-di-andare-sulla-luna-il-discorso-di-kennedy-e-lansia-per-lunione-sovietica/

www.ingramcontent.com/pod-product-compliance
Lightning Source LLC
Chambersburg PA
CBHW040256220526
45473CB00001B/495